Secretele Bazei Universale de Informații a Universului

Secretele Bazei Universale de Informații a Universului

de: Alexandru Bogdan Vodă

Cartea de față a apărut pentru prima dată sub lumina tiparului în anul 2014, ANTOLOGIE DE PROZĂ - ANAMAROL, SCRIPTA MANENT VOL.3.

Cartea de faţă este compusă din întrebări şi răspunsuri primite de la entităţi de ordin superior, accesate la nivelul 10 din Baza Universală de Informaţii a Universului şi care au hotărât că este momentul ca cei care sunt receptivi către astfel de informaţii să le primească şi să analizeze răspunsurile date.

Acestă carte este un manual pentru începători în accesarea Bazei Universale de Informaţii a Universului.

Baza Universlă de Informaţii a Universului este o conglomeraţie de informaţii menită să înmagazineze şi să înregistreze tot ceea ce se petrece pe pământ. Această Bază Universlă de Informaţii a Universului se poate accesa pe anumite nivele de informaţii.

În urmă cu câţiva ani, am avut şansa să fiu iniţiat în accesarea Bazei Universale de Informaţii a Universului şi am început să studiez mai aprofundat acest domeniu. La început, totul părea de domeniul fantasticului şi nu credeam că aşa ceva există cu adevărat. Uşor, uşor, puţin câte puţin am început să înţeleg tainele acestui domeniu şi am trecut prin toate cele zece nivele de informaţie. Am aflat printre altele, că există câteva mii de persoane, care au acces şi care folosesc această bază doar în interes personal, iar alte câteva mii, care folosesc Baza Universală de Informaţii a Universului doar pentru a ajuta pe cei din jurul său. Cei din prima parte care foloseau informaţia pentru interesul lor personal, au reuşit să acceseze doar o mică parte din uriaşa bază de date, iar cei din partea a doua care cu informaţile primite ajutau pe cei din jurul său, au acces la mult mai multe informaţii. Însă, mai există un număr mic de oameni, care au reuşit să dezlege misterul Bazei Universale de Informaţii a Universului şi au acces la toate informaţiile înmagazinate. Eu, mă număr printre acei puţini, care pot spune că au reuşit să deschidă uşă după uşă toate cele zece trepte ale cunoaşterii şi să poată să acceseze cele mai frumoase evenimente petrecute pe pământ. Am înţeles că pentru a putea deveni un receptor, trebuie să faci şi sacrificii atât din punct de vedere spiritual cât şi din punct de vedere moral. Am început să îmi cunosc mai bine trecutul şi am înţeles unde greşisem şi unde trebuia să mă corectez.

Aşa am ajuns să cunosc şi una din fiinţele care au construit această imensă magazie de informaţii. Spun fiinţă şi nu om, pentru că nu un om a construit această bază imensă de informaţie şi oricum cu echipamentele actuale nu am fi putut să creem o aşa mare magazie de date. Nu putem acum să înmagazinăm nici măcar 1% din ceea ce e capabil să înmagazineze Baza Universală de Informaţii a Universului. De la începutul umanităţii baza a fost creată ca să poată să ne ajute să ne cunoaştem trecutul şi să învăţăm din greşelile noastre. Apoi, această bază a început din ce în ce să fie mai puţin cunoscută şi apoi a fost ascunsă ca doar anumiţi oameni să aibe acces la ea. Acceastă fiinţă care a fost prezentă la creerea Bazei Universale de Informaţii a Universului, a avut amabilitatea de a sta cu mine de vorbă şi a încercat să îmi răspundă la sutele de întrebări uneori atât de naive ale mele. Am primit răspunsuri atât plăcute cât şi foarte neplăcute. Am ascultat uneori cu sufletul la gură anumite informaţii pe care cu greu cineva îmi putea spune ceva. Am râs şi am plâns, am simţit frică şi uneori am vrut să mă ridic de la masă şi să plec, însă toate aveau un scop. Scopul era ca tu, cel care citeşti acestă carte şi probabil vei vrea să citeşti şi cărţile viitoare pe această temă, să poţi învăţa că dincolo de lumea pe care o cunoşti tu acum, există şi o altă lume paralelă şi care te poate face mai fericit, mai puternic şi mai bun.

Acum, când stau la masa mea de scris şi revăd toate întrebările şi răspunsurile pe care le am de la Creator, creator al Bazei Universale de Informații a Universului, nu un creator al lumii în sine, mă gândesc dacă merită să public acestă carte. Mă gândesc dacă este nevoie de această informație. Ştiu că multe persoane îşi doresc să aibe aceste informații şi că vor să fie receptori ai Bazei Universale de Informații a Universului. Măcar pentru aceşti oameni, merită să fac acest pas. Iar dacă am avut acordul Creatorului de a putea scrie răspunsurile sale, atunci nu văd de ce nu aş avea şi acordul pentru a publica rândurile următoare.

Se spune că atunci când mori, eşti chemat să îți revezi faptele bune şi faptele rele pe care le-ai făcut în viața ta. Gândeştete că acum când ai acces la aceste informații o să ştii exact că acest lucru este cât se poate de adevărat. Tot ceea ce faci în viața asta, este înregistrat şi înmagazinat în Baza Universală de Informații a Universului. Fiecare faptă fie ea bună sau rea, fiecare lucru pe cât de secret ar părea să fie, nu poate fi ascuns în fața acestei maşinării de stocare a informație. Aşa că mie nu îmi rămane să îți spun decât : Suntem cu ochii pe tine.

.

Data: Februarie 24 anul 2000 şi ceva. Locația: Spania, undeva pe o insulă.

.

M-am aşezat la masa de scris. Am luat o hârtie şi un creion şi am aşteptat. Creatorul se plimba în jurul meu. Părea nervos, însă ştiam că nu poate fi vorba de nervozitate şi totuşi aşa părea. Apoi, am înțeles că curăța toate energiile negative din jurul meu. Am simțit cum liniştea şi bucuria pătrundeau în sufletul meu. Simțeam cum ideile întrebărilor apăreau una după alta în fața mea. Ştiam de unde să încep şi încotro mă îndreptam. Totul devenea clar şi puteam să încep cu întrebările către Creator.

- Pot să vorbesc la pertu cu tine? a fost prima mea întrebare.

- Binenţeles că poţi să faci acest lucru. Niciodată nu am înteles de ce unii mă consideră mai superior decât ei. Oare nu suntem toţi egali?

- Egali în anumite limite putem să fim, însa din punct de vedere al vârstei şi al informaţiilor pe care le ai eşti mult superior. El a zâmbit şi s-a asezat în faţa mea.

Lumina slabă de la lampadarul din colţul camerei îi bătea direct în spate şi nu îi puteam distinge bine trăsăturile feţei, însă se vedea că zâmbeşte. Ştiam foarte bine că îmi mai trebuiau zece vieţi să pot să cunosc ceea ce cunoştea el şi poate încă o mie de vieţi să pot să fiu apt să fac ceea ce făcea el.

- Nu totul se rezumă la ceea ce şti să faci şi nici la ceea ce ai dobândit până acum, ci la faptul că eşti îndeajuns de capabil să trăieşti liniştit în pofida faptului că ceea ce ai dobândit ca informaţie te poate copleşi oricând.

- Da! Amândoi ştim multe persoane, care nu erau încă pregătite să acceseze Baza Universală de Informaţii a Universului însă au încercat şi nu au ajuns prea bine, am spus eu ştiind o prietena care a ajuns în spitalul de nebuni după ce a accesat primul nivel din Baza Universală de Informaţii a Universului.

- Da să ştii că şi eu tot la Diana m-am gandit; îmi lua el vorba din gură.

- Ai spus că nu îmi vei citi gândurile!

- Erau gânduri comune şi nu am putut să nu fiu îndeacord cu tine. Nu îmi place să citesc gândurile oamenilor, pentru că gândul este singurul lucru care le aparţine în totalitate şi care trebuie lăsat să fie al lor.

- Să ştii că m-am gândit la asta. Nu era bine ca Baza Universală de Informaţii a Universului să includă şi gândurile oamenilor.

- Ar fi fost un dezastru total. Informația actuală este rezultatul faptelor concrete. Nu am fi putut privi şi să fim părtaşi la evenimente, dacă am fi fost capabili şi să le ascultăm gândurile. Atunci, faptele nu ar mai fi contat. Atunci, sufletul nu ar mai fi fost liber. În fiecare om există o parte pozitivă şi una negativă. În fiecare moment, oamenii gândesc să acționeze fie pozitiv fie negativ, iar diferența o fac în totalitate faptele lor.

- Hai să lăsăm discuția asta pe mai târziu, când o să ajungem la fapte şi consecințele acestor fapte, însă acum aş vrea să vorbim despre partea tehnică a Bazei Universale de Informații a Universului.

- Să trecem atunci la partea tehnică. Ce vrei sa ştii mai exact?

- Câte nivele are Baza Universală de Informații a Universului?

- Baza Universală de Informații a Universului, a fost creată pe zece trepte de înțelegere. Sunt zece trepte şi nouă praguri.

- Care este diferența dintre trepte şi praguri?

- Ca să poţi să treci de la un nivel la altul, va trebuii să treci peste un prag. Un prag spiritual. Nimic nu se poate crea fără un consum energetic şi asta va trebuii să oferi tu, va fi propriul tău dar către Baza Universală de Informații a Universului, iar universul îţi va deschide uşa către o treaptă nouă.

- Să înțeleg că acum avem o treaptă, un prag şi o uşă?

- Orice încăpere are o uşă, orice treaptă urcată te duce către o cameră a Bazei Universale de Informații a Universului. Această bază este creată pentru a fi accesată cu uşurință de oricine este demn să intre în ea.

- Ca să înțeleg eu mai bine, acum am în faţa mea o treaptă, cu o uşă care mă duce la o cameră în care se afla informația pe care vreau să o accesez, căci până la urmă ăsta este rolul Bazei Universale de Informații a Universului, de a înmagazina informația. Însă ca să pot accesa informația, trebuie să intru în cameră?

- Întocmai. Accesul la informații se face doar în acea camera, îIn interiorul ei.

- De ce au fost alese 10 trepte şi nu sunt 9 sau 11?

- Informațiile sunt sortate diferit la fiecare nivel. Avem informații care pot fi accesate mai uşor şi informații care sunt accesate un pic mai greu. Nu toată lumea poate avea acces la Baza Universală de Informații a Universului, iar din cei care au acces sunt aleşi anumiți oameni care pot avea acces la anumit tip de informație. Este o selecție a Universului foarte riguroasă.

- Să înțeleg că nu oricine are acces la Baza Universală de Informații a Universului?

- Oricine poate încerca să aibe acces la Baza Universală de Informații a Universului, însă nu toți vor primi aprobarea să intre în camera informațională.

- Fiecare treapta are un anumit tip de informație? Sau de ce sunt 10 trepte?

- Binențeles că fiecare treaptă este o treaptă a cunoaşterii. Aşa cum voi pământenii mergeti în fiecare an la şcoală şi dobândiți mai multe cunoştințe despre un anumit domeniu, aşa şi Baza Universală de Informații a Universului oferă la fiecare treaptă informaționala, un anumit tip de informație, care te poate ajuta pe tine.

- Îmi poți spune cele 10 trepte, au un anumit nume fiecare?

- Da. ENERGIILE, TRECUTUL, UN VIITOR, PREZENTUL, INFORMAȚIA, PROPRIUL EU, ALTE LUMI, ÎN TRECUT, SPIRITELE şi CREATORUL.

- Ai menționat trecutul de două ori parcă.

- Nu am spus TRECUTUL şi ÎN TRECUT. O sa ajungem şi acolo însă în câteva cuvinte îți pot spune că TRECUTUL este trecutul unei persoane care încă se mai află pe pământ şi încă îşi mai construieşte viitorul, iar în trecut este treapta în care capitolul a fost deja închis şi nu se mai poate schimba absolut nimic. Persoana nu mai este în viaţă pe pământ.

- Ai mai spus treapta UN VIITOR, nu ai spus nici în viitor şi nici viitorul.

- Aici în această treaptă Baza Universală de Informaţii a Universului învaţă să construiască viitorul. UN VIITOR, este etapa în care nimic nu e sigur. Totul este relativ şi schimbător de la o secunda la alta. Încercăm să creăm viitorul, însă viitorul nu este scris. El poate să fie schimbat printr-o conjunctură sau un fapt, pe care noi nu l-am anticipat.

- Este important să luăm decizia cea bună.

- Decizia bună şi o faptă pe măsură. Foarte importante sunt faptele şi apoi apar consecinţele. O să înţelegi totul când o să îţi explic pas cu pas fiecare lucru în parte.

- Nu par atât de complicate. E ca la şcoală. Câteva lecţii şi în două trei zile le rezolvăm pe toate. Le învăţăm şi gata.

- Aici te contrazic. Nu trebuie să le înveţi. Nu trebuie să înveţi absolut nimic. Baza Universală de Informaţii a Universului este concepută ca un calculator, unul însă foarte foarte mare. Nu trebuie să înveţi informaţia care este acolo, pentru că, pentru asta este Baza Universală de Informaţii a Universului să ţină informaţia stocată acolo, iar tu să o accesezi când este nevoie de ea. Pentru că ai acces la ea, o vezi, o simţi, o auzi şi o poţi revedea la infinit, de câte ori ai nevoie de ea. Se inmagazinează chiar şi momentul ăsta, acum, aici şi îl poţi accesa mai târziu. Nu e nevoie să iei notiţe.

- Notiţele le iau din obişnuinţă. Notez totul ca să nu uit nimic, însă dacă înţeleg bine, pot să accesez un anumit moment al zilei sau al nopţii. Pot să mă duc chiar cu câţiva ani în urmă. De exemplu să accesez ziua în care m-am născut?

- Sigur că da. Poţi să stai alături de doctorul care a fost

primul om cu care ai avut contact în lumea asta, poți însă şi mai mult de atât, poți să priveşti cum Hitler a luat anumite decizii în camera sa, sau cum Leonardo Da Vincii a pictat-o pe Mona Lisa sau cum Mozart a compus Sinfonia a IX-a, sau poți afla cine a fost adevăratul Jack Spintecătorul sau cine l-a ucis pe Decebal, regele dacilor de la sud de Dunăre. Sunt informaţii care te pot ajuta să îţi răspunzi la anumite întrebări care ştiu că te frământă.

- Pot să asist şi să văd reacţia lui Cristofor Columb când a descoperit America?

- Da! Sigur că poți să stai chiar lângă el, pe vasul său Santa Maria şi să te bucuri alături de el şi de tot echipajul.

- Deci absolut tot ce se întâmplă de la facerea lumii până acum, poate fi accesat şi vizualizat?

- Da, absolut totul rămâne înmagazinat în Baza Universală de Informaţii a Universului. Totul este energie, iar energia nu se pierde. Fiecare clipă şi fiecare om este monitorizat permanet ca să poți avea acces la toate informaţiile. Nu doar fiecare om, ci fiecare fiinţă de pe pământ este atent monitorizată şi înregistrată. Fiecare floare, fiecare furnică, fiecare pasăre, fiecare animal şi fiecare particulă de vânt. Totul rămâne în Baza Universală de Informaţii a Universului, ca să poată fi revăzută oricând se doreşte.

- Şi se poate auzi totul ca şi cum ar fi un film?

- Este mult mai profund decât atât. Vei vedea, vei auzi, vei simţii, vei mirosii şi vei fi acolo în mijlocul acţiunii, ca şi cum ai trece în timp, însă neputând să influienţezi cu nimic. Nu o să poți atinge nimic, nu vei putea fi auzit, vei trăi doar momentul acela. Este doar o redare, o copie a evenimentelor care au avut loc pe pământ. Nu este o trecere în timp. Trecutul nu poate fi modificat.

- Asta era una din întrebările pe care le aveam şi vroiam să ştiu dacă trecutul poate fi modificat.

- Nu! Categoric nu! Baza Universală de Informații a Universului a fost creată doar pentru a înmagazina toate informațiile, totul despre trecut, prezent şi viitor. Totul se înregistrează, se înmagazinează, ca apoi cei care au acces la aceste informații să le poată accesa.

- Să înmagazinezi prezentul şi prin urmare să rămână acolo pentru că pentru noi prezentul înregistrat este trecutul nostru, nu mi se pare ceva imposibil. Cu tehnologia actuală se poate face acelaşi lucru, însă pe zone şi persoane mult mai restrânse. Însă să înmagazinezi informații din viitor?

- Baza Universală de Informații a Universului deține toate Informațiile despre tot ceea ce se va întâmpla în viitor.

- Sunt toate informațiile acolo, însă se pot accesa pentru viitorul apropiat sau viitorul îndepărtat.

- Sunt toate informațiile din prezent până la sfârşitul lumii.

- Deci lumea se va sfârşi? M-am întristat eu şi parcă un vual negru se lăsase peste mine.

- Pentru totul există un început şi un sfârşit. Se va sfârşi lumea pe care o ştii tu acum şi va începe o nouă lume, un nou început. Nici lumea ta aceasta, nu este la prima ei rundă. Alte lumi au fost înaintea ei.

- Perfect! Să recapitulez. TRECUTUL, PREZENTUL şi UN VIITOR sunt o treaptă din Baza Universală de Informații a Universului?

- Nu. Fiecare în sine sunt trepte ale cunoaşterii. Sunt oameni care au acces la una din aceste trepte sau la toate trei.

- Îmi e greu să înteleg cum unii au acces doar la una şi alții la toate.

- Stai liniştit că totul nu vei putea să înțelegi niciodată. Însă voi încerca să îți dau explicații simple şi concrete pentru a putea înțelege mai uşor. De exemplu prima treaptă: ENERGIILE. Este una din cele mai simple trepte de accesat. În această primă treaptă, oamenii pot reuşi să-şi influienţeze propria aură sau propriul corp energetic şi să primească informaţii energetice despre aceste energii. Cu ajutorul palmelor, a ochilor sau cu diferite instrumente de măsurare energetică, în această treaptă energia oamenilor se poate schimba şi reface complet.

- Deci, eu am o energie care circulă prin mine şi în prima treaptă de cunoaştere pot să influienţez această energie şi să o îmbunătăţesc.

- Exact! Poţi să îţi îmbunătăţeşti propriul corp energetic sau să îmbunătăţeşti corpul energetic al altei persoane. Când ai acces la prima treaptă, atunci energiile înconjurătoare sunt modelate de tine după propriul plac. Este foarte usor de intrat în această treaptă şi cei mai mulţi oameni deja o accesează, fie conştient fie inconştient. După prima treaptă ENERGIILE, urmează treapta TRECUTUL, care este foarte accesibilă tuturor. Mulţi aşa zişi vizionari, au învăţat să o acceseze şi apoi îşi folosesc imaginaţia pentru a prezice viitorul.

- Această a doua treaptă îmi place foarte mult, pentru că de fiecare dată când pătrund în această treaptă, rămân fascinat de trecutul persoanelor cercetate, am spus eu. Mai devreme, am primit răspuns la diferenţa dintre TRECUT şi ÎN TRECUT. Aş vrea să ştiu mai mult despre pragul acesta.

- Este frumos să vezi ceea ce puţini oameni pot să facă. Să ai acces la informaţiile pe care Baza Universală de Informaţii a Universului ţi l-e oferă şi să încerci să înţelegi de ce unii oameni au făcut ceea ce au făcut. În această treaptă trecutul tuturor celor care doreşti să îi accesezi, se va deschide şi vei putea vedea fiecare faptă a sa.

- Aici pot accesa trecutul oricărui om?

- Da! Accesezi trecutul fiecărui om care este acum în viaţă. În treapta a opta, o treaptă care se numeşte ÎN TRECUT, poţi accesa trecutul orcărei fiinţe care a trăit pe pământ. În felul acesta ai acces la tot trecutul omenirii.

- Interesantă diferența dintre cele două trecuturi, însă combinate dau o imagine de ansamblu a istoriei. Îmi place foarte mult să îmi petrec timpul în trecut. Este fascinant pentru că este mult diferit de ceea ce citim în cărțile de istorie. Niciodată nu am crezut că istoria reală este diferită de istoria care este prezentată oamenilor. Însă privind în trecut, am înțeles și de ce este făcut acest lucru.

- Oamenii știu ceea ce trebuie să știe, nu ceea ce s-a întâmplat. În acest fel, oamenii sunt conduși către un anume curs, pe care unii oameni îl doresc să îl aibe omenirea.

- Și următoarea treaptă este Viitorul?

- Da! Cea de a treia treaptă este Viitorul. Este o treaptă care accesează informațiile despre viitorul unei persoane și care îți poate oferii liniștea sufletească. Dacă îți cunoști viitorul, ai timp să te pregătești ca nimic să nu te mai ia prin surprindere. Îți mai punctez o dată faptul că viitorul văzut cu ajutorul Bazei Universale de Informații a Universului este exact cel care o să urmeze iar tu nu ai cum să schimbi nimic. Orice ai încerca să faci te va aduce la îndeplinirea lucrului care l-ai văzut cu ajutorul Bazei Universale de Informații a Universului.

- De exemplu, dacă știu că voi avea un accident cu mașina și nu ies afară ca să nu lovesc masina, ce se va întâmpla?

- La ora și la data exactă, atunci când timpul va sosi, acel lucru se va întâmpla. Mașina probabil va fi lovită în parcare de un șofer care din cauza unui telefon a trebuit să își schimbe direcția și să nu mai meargă pe unde avea el de gând inițial și tu care trebuia să îți rupi piciorul în cadrul accidentului, te vei împiedica de covor și vei cădea, iar piciorul ți se va rupe. Viitorul nu poate fi schimbat. El este scris și se va întâmpla totul întocmai cum este acolo. Faptele în sine, se pot schimba, însă nicioadată nu se pot schimba consecințele.

- Să înțeleg că viitorul nu este exact așa cum îl vedem în

această treaptă.

- Dacă nu apare nimeni care să îl schimbe, viitorul este exact aşa cum îl vezi în Baza Universală de Informaţii a Universului.

- Cum poate cineva să înregistreze nişte fapte care încă nu au avut loc pe pământ? Trecutul să spunem că îl poţi înregistra, însă viitorul devine pentru mine un mister.

- Întodeauna vor fi mistere de dezlegat. Tu poţi însă să cauţi în viitor răspunsurile la întrebările tale. Vei găsi acolo informaţia căutată.

- Următoarea treaptă este....

- PREZENTUL este următoare treaptă a cunoaşterii. Este treapta a treia din Baza Universală de Informaţii a Universului.

- Păi prezentul îl ştiu. De ce aş fi interesat să accesez ceva ce ştiu şi trăiesc exact acum în acest moment.

- Tu îţi cunoşti prezentul tău. Cunoşti ceea ce se întâmplă în imediata ta apropiere, însă nu ştii ce se înâmplă în acest moment la Paris sau în Iran. Nu ştii ce face în acest moment preşedintele Rusiei sau ce se întâmplă în subsolurile de la Vatican. Prezentul este foarte important pentru că ai acces la construirea viitorului. Multe fiinţe din alte lumi, au acces la această treaptă. Ei urmăresc prezentul oamenilor, urmăresc anumite persoane, aşa cum aveţi voi emisiunile de Reality Show. Doar că aceste fiinţe care vă urmăresc, sunt la milioane şi milioane de ani lumină de voi. Unele fiinţe studiază oamenii de la naştere, implicându-se emoţional în viaţa acestora. Ştii că uneori sunt oameni care au impresia că sunt urmăriţi de cineva tot timpul. Chiar şi atunci când sunt siguri şi când nimeni nu are cum să îi urmărească. Aici au dreptate. Sunt urmăriţi pas cu pas, clipă de clipă. Însă nu toată lumea e urmărită şi nu toţi oamenii de pe planetă sunt luaţi drept subiecţi.

- Cum pot să aflu dacă cineva mă priveşte?

- Nu ai cum să aflii acest lucru niciodată. Accesul la Baza

Universală de Informații a Universului nu este limitată şi nici monitorizată. Oricine are acces la ea, poate să intre şi să privească pe cine doreşte. Binenţeles la anumit grad de cunoaştere.

- Este un pic prea complicat pentru mine să înţeleg totul acum. Sunt multe informaţii şi parcă nu atâţia neuroni ca să pot să înţeleg tot.

- Această treaptă este cel mai accesat nivel al Bazei Universale de Informaţii a Universului. În fiecare moment sunt milioane de ochi aţintiţi asupra sa. Prezentul este cel mai interesant moment şi atunci când am creat această bază, a fost printre primele nivele accesate şi a rămas unul dintre cele mai accesate.

- Aş vrea să trecem acum la un alt nivel din Baza Universală de Informaţii a Universului şi anume să trecem la treapta ÎNFORMAŢIA.

- Aici informaţile despre următoarele descoperiri sau despre următoarele invenţii circulă liber. Aceste informaţii circulă liber în cadrul bazei şi îşi caută receptori pentru a putea fi inventate sau descoperite.

- Eu pot să prind una din aceste informaţii şi să o pun în practică?

- Binenţeles că poţi să faci asta. Ai acces şi oricând poţi să o faci, însă există o piedică. Dacă tu eşti fizician poţi să prinzi informaţile din domeniul fizicii, iar dacă eşti mecanic auto atunci primeşti informaţiile din acest domeniu. Nu vei putea să primeşti accesul la o informaţie din chimie dacă tu eşti pădurar. Informaţia cu receptorul trebuie să aibă cel puţin 90% compatibilitate. Altfel informaţia nu va fi primită de receptor.

- Meseria mea este scrisul. Scriu de la frageda vârstă de 12 ani, atunci când am creat prima mea nuvela. Şi de atunci nu m-am mai oprit din scris. Crezi că la nivelul cinci din Baza Universală de Informaţii a Universului voi putea să accesez o invenţie din domeniul matematicii?

- Nu! Nu vei putea să o accesezi. Însă probabil vei accesa o altă informaţie care este în domeniul tău. Aşa cum este acastă carte, tu ai fost ales ca receptor să o faci. Cei ce o vor citi, unii o vor înţelege de prima dată, iar alţi vor trebuii să o citească iar şi iar. Fiecare are un rol în univers.

- Interesantă modalitate de a alege aceşti receptori. Ei nu ştiu că sunt aleşi, însă primesc informaţia şi o pun în practică crezând că a fost ideea lor.

- Exact aşa se întâmplă; îmi răspunse scurt Creatorul făcundu-mă să înţeleg că pentru acum această treaptă s-a încheiat.

- Să trecem acum la cea de a şasea treaptă din Baza Universală de Informaţii a Universului, PROPRIUL EU. Aici întodeauna e un amestec de informaţie că uneori nu prea înţeleg nici eu mai nimic.

- Atunci când omul părăseşte această lume, cum îi spuneţi voi, atunci când moare, energia lui în care este înmagazinată toată informaţia vieţii sale, se desprinde de corpul fizic şi este ghidată către o altă lume. O altă planetă, unde energiile pot interacţiona unele cu altele şi îşi pot întâlni foştii prieteni, rude şi alte fiinţe care au plecat înaintea sa către această lume. De aici din această lume, energiile îşi pot alege un nou corp fizic şi se pot întoarce pe pământ. Există un echilibru de energii pe pământ şi acest lucru face ca viaţa să fie în continuă mişcare.

- Dar când un animal moare, ce îmi poţi spune despre acesta, unde se duce?

- În discuţia de astăzi îţi voi spune doar atât: nu există nici un fel de diferenţă dintre enegiile animalelor şi enegiile oamenilor. Pentru noi cu toţii sunteţi nişte aşa zise animale. În şedinţa de săptămâna viitoare vom vorbi doar despre această temă. Îţi voi explica pas cu pas cum energiile circulă liber.

- Să înțeleg acum că în treapta PROPRIUL EU am acces la informațile despre energia mea?

- Da! În această treaptă din Baza Universală de Informații a Universului, vei putea să călătorești și să te minunezi de câte ori ai trăit pe această planetă. Vei putea să îți revezi toate ciclurile de viață avute aici. Vei înțelege de ce acum ești aici în acest corp și greșelile pe care le-ai făcut sau pe care le faci acum.

- Este important să învățăm, doar așa putem să ne dezvoltăm corpul energetic și să trecem mai liniștiți pe cealaltă lume.

M-am ridicat de la masa de scris și mi-am luat un pahar cu apă. Mi se uscase gâtul și aveam nevoie de un pic de umezeală. Când m-am așezat din nou la birou, Creatorul se apropie de mine și spuse:

- Ești obosit. Vrei să facem o pauză? mă întrebă Creatorul, încercând să mă protejeze de oboseala care cădea ușor ușor peste mine.

- Acum când urmează treapta ALTE LUMI care este una din preferatele mele, tu îmi spui să facem pauză?

- Credeam că vrei să ne oprim aici și să continuăm mâine seară.

- Nici nu mă gândesc. Partea ceea mai interesantă acum urmează și nu vreau nici în ruptul capului să mă opresc acum.

- Fie cum vrei tu să fie. Trecem la treapta ALTE LUMI. Este treapta cu numărul șapte și este uneori accesată și de persoane mai puțin inițiate.

- Adică poți să sari toate cele șase trepte și să ajungi direct aici?

- Da ceva în genul ăsta. Sunt persoane care prin așa zisele simțuri ajung să intre în Baza Universală de Informații a Universului, direct la nivelul șapte și să aibe acces la informații din alte lumi.

- Deci nu sunt doar două lumi. Cea din care vii tu şi cea din care suntem noi. Mai există şi alte lumi?

- Sunt milioane de alte lumi. Milioane de alte feluri de entităţi şi de suflete, planete diferite şi specii diferite. Uneori există specii şi planete asemănătoare aşa cum suntem noi cu voi. Ne asemănăm ca trup şi suflet, trăim pe planete aproximativ la fel din punct de vedere chimic, însă marea diferenţă între cele două specii, a noastră şi a voastră este durata de viaţă şi vechimea speciei.

- Voi trăiţi mult mai mult decât noi?

- Un ciclu normal de viaţă la noi este de 8 până la 9 milioane de ani pământeşti.

- Milioane de ani? Nu sute si nici mii? Am rămas eu uimit de multitudinea de ani care alergau în jurul meu.

- Da, milionane! Însă numărul nostru de indivizi diferă dramatic de numărul vostru. Suntem mult mai puţini şi mult mai evoluaţi tehnologic şi spiritual. La noi nu mai există ură sau războaie de multe mii de milioane de ani pământeşti. Trăim în armonie şi cu scopul de a ajuta celălalte specii să trăiască armonios.

- Aşa cum încercaţi să ne ajutaţi şi pe noi?

- Pe voi încă nu am ajuns să vă ajutam pentru că încă nu sunteţi destul de evoluaţi. Vă mai trebuie cel puţin 4 sau 5 cicluri de viaţă pământească   pentru ca să începeţi să vă maturizaţi spiritual şi să deveniţi mai buni. Sunteţi una din cele mai rele specii pe care le monitorizăm, însă din generaţie în generaţie deveniţi mai buni şi mai aproape de a începe armonia şi liberalizarea sufletelor. Încetul cu încetul din ce în ce mai multe fiinţe încep să înţeleagă care le este rolul în aceată lume. Doar aşa pot să acceseze Baza Universală de Informaţii a Universului şi să afle tainele sale.

- Să trecem la urmatoarea treapta din aceasta baza.

- Da! Putem să trecem la cea de a opta treaptă din Baza

Universală de Informații a Universului care se numeşte ÎN TRECUT. Aşa cum am mai vorbit noi mai devreme în această a opta treapta se găsesc înmagazinate toate informaţiile despre trecutul celor care nu mai sunt acum în viaţă, celor care au plecat de pe pământ şi au lăsat aici doar informaţia existenţei lor. Vei putea călători prin trecut, trăind alături de oricare fiinţă doreşti tu, să îi descoperi trecutul. Este probabil cea mai fascinantă poartă care se poate accesa. Îţi oferă informaţiile pe care doreşti să le ştii şi pe care nu ai cum să le vezi altfel.

- Însă nu ar fi posibil să înregistrez cumva aceste imagini şi să le pot reda apoi către oamenii care nu au acces la astfel de lucruri? Uneori nimeni nu te crede când spui că lucrurile nu au stat aşa cum credeau ei că sunt.

- Baza Universală de Informaţii a Universului este creată din energie şi nu din imagini. Tu vezi aceste lucruri şi le simţi, le miroşi şi te simţi ca şi cum ai fi acolo, însă dacă filmezi sau faci fotografii, nu va apărea nimic pe aceste înregistrări. Ele nu au acces la energie ci doar la lucruri fizice.

- Este foarte greu să demonstrezi că lumea e altfel decât o ştiu ei.

- Nu încerca să le demonstrezi nimic. Cei care cred, vor aparea în jurul tău. Te vor înţelege şi vor intra şi ei la rândul lor în Baza Universală de Informaţii a Universului.

- Uşor, uşor ne îndreptăm către culmile cele mai înalte ale Bazei. Am ajuns la cea de a noua treaptă: SPIRITELE.

- Este treapta care face legătura dintre cel care o accesează şi lumea spiritelor. Dacă mai ţi minte în treapta şase putea să ai acces la vieţile tale anterioare aşa cum au acces la această informaţie toţi cei care nu mai sunt în viaţă. Ei pot să îşi vadă propriile vieţi şi să înveţe din ele părţile bune şi părţile rele. Aici când ai ajuns în treapta a noua, vei putea să iei contact cu cei care au plecat dintre voi şi care încă mai sunt în lumea cealaltă. Mulţi aleg să se întoarcă repede pe pământ şi să îşi încerce din nou norocul. Cei care însă mai sunt acolo, pot fi accesați și se poate creea o punte de legătură. Sunt tot mai mulți oameni care pot accesa această treaptă. Așa zisele mediumuri. Contactul se poate face atât vizual cât și auditiv. Spiritele sunt uneori foarte fericite să poată lua legătura cu cei care ia lăsat aici pe pământ.

Am rămas pe gânduri. Mă uitam undeva în zare și mii și mii de gânduri îmi invadau mintea.

- A zecea și ultima treaptă CREATORUL; spuse el trezindu-mă la realitate.

- Asta e ultima traptă din Baza Universală de Informații a Universului. Ceea mai râvnită și cea mai interesantă. Știam asta pentru că doi ani am încercat să deschid ușa către cea de a zecea treaptă și doar după lungi șiruri de meditație, post și rugăciune am reușit să pătrund în această fascinantă treaptă de cunoaștere.

- Tu știi foarte bine că aici în ultima treaptă poți să ai acces să întâlnești pe cei care au creat Baza Universală de Informații a Universului și să poți asista la creerea unor noi lumi și construirea altor baze de informație.

- Da! Alături de voi am descoperit cum se crează o lume nouă și cum este pusă în funcțiune o nouă bază de informații. E fantastic să ai contact cu entități de la care ai foarte mult de învățat.

- Mă bucur întodeauna când întâlnesc persoane care vor să învețe, răbdătoare și care au curajul că creadă. Nu mulți oameni au acest curaj să creadă în noi. În fiecare an însă, apar noi oameni care au acces la Baza Universală de Informați a Universului și suntem fericiți că să le acordăm accesul către toate cele zece trepte. Cei care vor ajunge la acest nivel, la cel de al zece-lea, vor fi întâmpinați de unu Creator, la fel ca mine și vor putea să învețe tainele universului și vor fi părtași la creerea altor lumi. Cred că doar împreună vom putea face această lume mai bună şi mai frumoasă.

Am ridicat privirea şi am zărit ceasul de pe perete. Ora 8:15 dimineaţa. Abia acum am simţit cum oboseala pune stăpânire peste mine.

- Vorbim de mai bine de 12 ore. Sunt fascinat cât de repede a trecut timpul şi cât de multe întrebări încă mai am de pus.

- Fiecare clipă are valoarea sa. Fiecare întrebare va avea răspunsul său, sau poate că nu o să mai fie pusă.

- Nu sunt încă lămurit cu un lucru esenţial pentru mine.

- Şi care ar fi acest lucru?

- Am reuşit să trec de toate cele zece trepte, am reuşit să văd şi să aud lucruri pe care mulţi oameni ar dori să le vadă şi să le audă, însă nu am reuşit să ştiu care este rolul şi rostul meu aici pe pământ. De ce eu?

- Sunt oameni care şi-ar da viaţa să poată descifra tainele pe care tu le deţii. Sunt adepţi ale anumitor biserici care ţi-ar dori moartea pentru că tu le ştii anumite secrete pe care ei credeau că doar ei le stiu. Sunt politicieni care nu ar mai putea să îşi reprezinte ţara lor dacă începi să spui cine sunt cu adevărat, însă toate acestea sunt nimicuri în comparaţie cu faptul că accesul la Baza Universală de Informaţii a Universului se va face mult mai usor de alţi oameni prin intermediul tău. Tu eşti cel care în sfârşit le vei putea spune cum şi prin ce modalitate ei pot să aibe acces la Baza Universală de Informaţii a Universului şi cei care aveau acces la una sau mai multe trepte, pot însfârşit afla de unde le veneau aceste informaţii. Vor citi cărţile despre Universul Paralel şi Baza Universală de Informaţii a Universului şi atunci mesajul nostru va ajunge la ei. Tu eşti doar un mesager.

Sfârşit

Alte lucrari ale aceluiasi autor:

Bomigetoio - Orasul pierdut
Bomigetoio - Yeti din Carpati
Cheia Magica - Imaginile prind viata in mana ta
Regele gunoaielor
The magic book of Tenerife
The magic book of Tenerife 2
The magic book of Tenerife 3
Povestea bradului
Mirosul banilor
Plasmatic
Un miros de poezie

www.ingramcontent.com/pod-product-compliance
Lightning Source LLC
Chambersburg PA
CBHW051423170526
45165CB00004BA/1944